Santo Armenia

Galilei e Einstein

Riflessioni sulla teoria della relatività generale
La caduta libera dei gravi
La forma dei corpi solidi

Prefazione di
Attilio Sigona

Alla mia famiglia: a mia moglie Marinella, a mia figlia Gabriella, a mio figlio Pietro e in particolare alla mia piccola Marta che ha dovuto sopportare l'esuberanza dei miei pensieri nel sentire le stranezze delle mie conclusioni. E pensare che in questo stesso periodo stava proprio studiando la teoria di Einstein.

A Carmelo Vindigni.

Indice

Prefazione...4

Introduzione...6

Capitolo I Evoluzione.................................7

Capitolo II Premesse..................................9

Capitolo III Osservazioni elementari............12

Capitolo IV Principi della Fisica classica......14

Capitolo V Prima riflessione sulla teoria della relatività generale...16

    5.1. In merito all'esperimento dell'ascensore............17

    5.2. In merito all'esperimento dell'astronave.............20

Capitolo VI Fisica ordinaria........................23

    6.1. Prima modalità: le due masse separatamente....27

    6.2. Seconda modalità: le due masse in contemporanea...28

Capitolo VII Seconda riflessione sulla teoria della relatività generale...34

Capitolo VIII La forma dei corpi solidi..........37

    8.1. Per la teoria della relatività generale di Albert Einstein...37

    8.2. Per il principio di Galileo Galilei.............42

    8.3. Per la misurazione della massa dei corpi...........45

Conclusioni...49

Epilogo...52

Appendice A...53

Appendice B...54

Appendice C...56

Ringraziamenti..62

Prefazione

di ATTILIO SIGONA[1]

La storia insegna che qualsiasi novità ed innovazione nelle regole e nella vita degli uomini sono sempre accolte con scetticismo, talora persino con avversione.

Il passaggio dalla concezione tolemaica geocentrica a quella copernicana eliocentrica fu un vero shock per la scienza e l'umanità, nonché per i biblisti e la Chiesa. Non fu facile fare accettare anche l'evidenza.

L'uomo, tuttavia, non sembra saper trarre profitto dalle esperienze del passato e continua sempre con ostinazione ad opporsi ai cambiamenti ed agli approfondimenti scientifici, per conservatorismo non sempre giustificabile.

Ho seguito il lancio di questo volume dell'ing. Armenia con l'umiltà di chi non è esperto di fisica, ma con la convinzione che ci fossero elementi teorici innovativi. Anzitutto il ritorno della fisica e della matematica alla sfera filosofica; un ritorno che ritengo necessario per il futuro dell'umanità.

In secondo luogo l'approfondimento dei principi fisici di Galilei sulla caduta dei gravi e lo studio della forma dei corpi solidi, con le conseguenze per la teoria della relatività generale di Einstein, nonché per altri risvolti pratici (in particolare la misura della massa dei corpi), non può che essere salutato con favore.

Rilevante è avere riflettuto, osservato, dedotto, avviato il confronto. L'autore non si limita a teorizzare; traduce in formule matematiche e fisiche le proprie considerazioni. Con la modestia che gli appartiene non vuole si chiamino teorie, ma soltanto riflessioni e constatazioni.

---

1 Docente di italiano, latino e greco e direttore scolastico liceo classico. È stato eletto deputato nella 12° legislatura della Repubblica italiana e vice sindaco del Comune di Pozzallo dal 2006 al 2010.

L'augurio è che il mondo scientifico si renda conto che confrontarsi può solo apportare benefici a tutti.

Galilei dovette abiurare e finì pure in galera. Oggi non si corrono per fortuna questi rischi.

La pubblicazione di questo volume costituisce un invito al dialogo scientifico e agli approfondimenti che la materia richiede per tutte le implicanze sulla conoscenza del cosmo e delle sue leggi fisiche.

L'ing. Armenia non si sente né uno scopritore, né uno scienziato: ha soprattutto riflettuto e poi ha dedotto. Noi crediamo correttamente.

Introduzione

Questa è la seconda edizione di una prima mai pubblicata il cui titolo doveva essere:

Galileo Galilei e Albert Einstein.
La caduta libera dei gravi.
Forse qualcosa è passata inosservata?
Riflessioni sulla teoria della relatività generale.

per come si può constatare anche dal video dell'iniziativa del 30 maggio 2017, riportato sul sito youtube.com/watch?v=6Ri_xAms45M, intitolata *Armenia Santo Galilei.*

Ora il titolo dell'opera è quello di copertina.

Nell'attesa della pubblicazione della prima stesura, ho maturato la nuova parte.

Capitolo I

Evoluzione

Le idee innate di Platone. La forza dell'opinione pubblica.
Il sincronismo di Jung. … Conoscere è ricordare. …

Mauro, mio nipote, mi invita a leggere il libro di Fabio
Toscano (Sironi Editore): *Il fisico che visse due volte*.

Motiva l'invito perché è una biografia sul fisico russo
Lev Landau, che è il titolare dei libri di testo di fisica su cui
lui ha studiato all'università di ingegneria di Catania.

Mi arricchisco anche di tale esperienza: la vita dello
scienziato da una parte e la capacità dello scrittore
dall'altra.

Mio nipote mi sollecita un altro libro di Fabio Toscano:
Il genio e il gentiluomo, «Einstein e Ricci Curbastro, il
matematico italiano che salvò la teoria della relatività
generale».

Sapevo che Einstein per la parte matematica dei suoi
lavori si avvaleva della collaborazione di specialisti; non
mi era noto che il più importante e decisivo fosse stato il
nostro italiano Gregorio Ricci Curbastro.

Mio nipote, ancora una volta, mi sottopone un altro
libro, sempre, di Fabio Toscano: *La formula segreta*:
«Tartaglia, Cardano e il duello matematico che infiammò
l'Italia del Rinascimento».

"Mauro questo di Tartaglia non riesco a leggerlo".
Passeggio. . . leggo. . . ascolto musica. . . leggo. . .
ascolto musica. . . passeggio …

"Mauro questo di Tartaglia non riesco a leggerlo".
Passeggio. . . leggo. . . ascolto musica. . . passeggiando
canticchio...passeggiando il pensiero vaga...passeggio...
leggo … ascolto musica...

"Mauro questo di Tartaglia in questo periodo non lo mando giù".

Fantastico. . . passeggio. . . leggo. . . ascolto musica...

"Mauro per adesso Tartaglia può stare dov'è. Riportami, invece, *Il genio e il gentiluomo*".

Non leggo più. . .

Fantastico ... fantastico ... rifletto! ... intravedo ... **vedo**...

Capitolo II

Premesse

Riflessioni:

a) il postulato ha la sua ragion d'essere in geometria, oppure anche in fisica? Albert Einstein, quando i postulati sono usati dagli altri, li definisce dogmi. Vedasi, per come riportato a pag. 162 nel suo libro *L'evoluzione della fisica* (edito da Universale Bollati Boringhieri),in riferimento al "dogma meccanicistico". Einstein, utilizzando le trasformazioni di Lorentz, costruì la sua teoria della relatività ristretta (speciale) proprio in base a due postulati:

- lo spazio è vuoto;
- la luce nello spazio vuoto si propaga sempre con la stessa velocità, indipendentemente dallo stato di moto del corpo che la emette.

La teoria della relatività ristretta di Lorentz (con etere) prima, o di Einstein (senza etere) dopo, si inseriscono nel cammino-evoluzione della fisica classica, della quale ne sono una continuazione;

b) cosa ben diversa è per la teoria della relatività generale di Einstein.

Essa (la teoria della relatività generale) poggia solo sugli esperimenti mentali di Einstein, ponendo agli altri l'onere della verifica sperimentale per determinarne il rigetto.

Albert, costruisce tale teoria sul presupposto del *Principio di Galileo Galilei sulla caduta libera dei gravi* (vedasi in appresso: tutti i corpi sono soggetti alla stessa accelerazione di gravità), fissando la decadenza della sua teoria all'evenienza del venir meno di tale principio: bontà sua!

Rifletto.

Riflessioni: Platone ha usato il mito della caverna per andare dal buio verso la luce; Einstein, in modo conscio o inconscio, invece, lo ha usato per andare al contrario, dalla luce al buio: l'osservatore esterno (che conosce il di fuori) può guardare l'interno dell'ascensore o dell'astronave, mentre l'osservatore interno può guardare solo dentro.

Gli uomini della caverna avevano una visione limitata, proprio perché non sapevano dell'esistenza di un mondo esterno.

L'osservatore interno (Albert), invece, pur sapendo che esiste un mondo esterno, si rifiuta di guardarlo.

Riporto il *Principio di Galileo Galilei sulla caduta libera dei gravi*: «tutti i corpi sono soggetti alla stessa accelerazione di gravità».

Sottolineo: «tutti i corpi sono soggetti alla stessa accelerazione di gravità».

Galileo, come tutti, cosa strana, escluso Einstein, sapeva però che l'accelerazione di gravità non è costante ma varia in ogni punto della terra (con la latitudine, con la longitudine e con l'altezza) e con il passare del tempo.

Che per comodità, in base al settore di studio, le si attribuisce il valore approssimativo di 9,8 è un conto.

Che per facilità didattica si approssima la caduta libera al moto naturalmente accelerato ($g=9,8$ m/sec^2, $s=1/2gt^2$...) lungo la verticale, quando si sa benissimo che tale moto (relativo alla terra) in effetti, anche a volerlo considerare, in via approssimativa, ancora rettilineo, è vario perché l'accelerazione di gravità è funzione dell'inverso del quadrato dell'altezza variabile di caduta durante il moto, è tutt'altro conto.

In modo analogo, ancora una volta, che per facilità didattica si approssima la composizione del moto rettilineo uniforme con il moto di caduta libera (verticale) ad un moto parabolico, quando si sa benissimo che tale moto risultante, a rigore, non è parabolico ma è un moto vario di difficile descrizione, è ancora tutt'altro conto.

Le mie riflessioni sulla teoria della relatività generale saranno fatte due volte:

a) la prima a prescindere dalla validità del *Principio di Galileo Galilei sulla caduta libera dei gravi* (vedasi parte quinta), pertanto per altre motivazioni;

b) la seconda proprio perché il *Principio di Galileo Galilei sulla caduta libera dei gravi*, ritengo che possa essere affetto da un errore, derivante dalla successiva legge di gravitazione di Isaac Newton, che, specialmente, per Albert sarebbe stato doveroso riscontrare per la corretta applicazione della sua teoria della relatività generale (vedasi parte settima).

Purtroppo Albert, invece di procedere in modo rigoroso, trasforma i modelli approssimati in postulati di natura, costruendovi la sua teoria della relatività generale, per poi superare la Fisica classica.

Capitolo III

Osservazioni elementari

Mie riflessioni:

L'acqua del fiume non è mai la stessa.
L'aria che respiriamo non è mai la stessa.
Tutto è divenire. . .Panta rei.
L'essenza della natura–universo è imperscrutabile.
L'imperscrutabile non è misurabile.
La conoscenza della natura-universo (la sua descrizione) è
sempre una continua approssimazione.

Per quello che è dato conoscere, tutti i componenti dell'universo (satelliti, pianeti, meteore, sole; stelle; ammassi di galassie) sono in moto, proprio, perché orbitanti, quindi sono in moto vario.

Tali componenti, unitamente a ogni tipo di costruzione che l'uomo realizza, sono soggetti ad azioni (forze).

Da ciò ne segue che la quiete e il moto rettilineo uniforme, nonché il moto rettilineo uniformemente accelerato, intesi come concetti in assoluto, non esistono in natura.

Anche il fluire del tempo non è uniforme.

Lo spazio (a tre dimensioni) e il tempo (una dimensione), anche se concepiti in senso assoluto, come da senso comune, vanno percepiti non come due entità separate, ma come una sola entità spazio–tempo a quattro dimensioni (3 + 1).

Lo spazio–tempo, in base alla conoscenza che oggi abbiamo, non è euclideo.

Lo spazio euclideo è una cosciente descrizione approssimata dello spazio–tempo.

Fatte queste osservazioni elementari, rifletto sulla Fisica classica, con particolare riferimento ai tre principi della dinamica, alla legge di attrazione gravitazionale

universale e alla caduta libera dei gravi con il
conseguente principio di Galileo Galilei.

Capitolo IV

Principi della Fisica classica

I tre principi della dinamica:
   a) un corpo mantiene (persevera) il proprio stato di quiete o di moto rettilineo uniforme, finché una forza non agisce su di esso, modificando tale stato di quiete o di moto rettilineo uniforme;
   b) se ad un corpo di massa m_i(massa inerziale) applichiamo una forza F il corpo acquista una accelerazione che vale:

$$a = \frac{F}{m_i};$$

   c) ad ogni azione corrisponde una reazione uguale e contraria.

La legge di attrazione gravitazionale universale:

G = costante di gravitazione universale;
m_{g1} ; m_{g2} = masse gravitazionali dei corpi;
d = distanza tra i corpi;

$$F_a = G \frac{m_{g1} m_{g2}}{d^2}$$

= (forza di attrazione gravitazionale).

Il *Principio di Galileo Galilei sulla caduta libera dei gravi*: «Tutti i corpi, sulla terra, prescindendo dall'attrito dell'aria, sono soggetti alla stessa accelerazione di gravità». Massa inerziale e massa gravitazionale sono proporzionali tra di loro; in base alle unità di misura scelte, assumono lo stesso valore: $m_i = m_g$.

Invito il lettore di procedere personalmente ai relativi calcoli; poi li confronti con quelli di qualsiasi testo di fisica o con quelli delle pagine Web.

Conosciamo le ipotesi di calcolo per la terra: sfericità; densità costante; ininfluenza della gravità dovuta agli altri corpi celesti esterni alla terra (luna, meteore, sole, stelle e galassie).

Dobbiamo prescindere solo dalla presenza dell'aria.

Per comodità di lettura riporto i calcoli come eseguiti comunemente, in base ai quali risulterebbe verificato il principio di Galileo, senza distinzione tra massa inerziale e massa gravitazionale perché uguali ($m_i = m_g$).

L'uguaglianza tra massa inerziale e massa gravitazionale ($m_i = m_g$), da ultimo, deriva dall'esperienza del fisico Loránd Eötvös, in base alla quale originariamente si è ottenuta una precisione di 5×10^{-9} e successivamente migliorata di 3×10^{-14}.

G = costante di gravitazione universale;
M_t = massa della terra;
r = raggio della terra;
h = altezza di prova dalla superficie terrestre;
m_{pi} = massa di prova iesima (gravitazionale e inerziale);

$$F_{ai} = G \frac{M_t m_{pi}}{\left(r+h\right)^2}$$ = (forza di attrazione gravitazionale);

$$g_i = \frac{F_{ai}}{m_{pi}} = G \frac{M_t}{\left(r+h\right)^2}$$ = costante (accelerazione di gravità).

Da cui si evince che l'accelerazione di gravità (g_i) è identica per tutte le masse di prova, ma che varia al variare di "h".

Il principio di Galileo è verificato.

Questi calcoli, però, non sono i miei.

Io, i miei calcoli, li eseguirò nella sesta parte, nel corpo di una possibile "Fisica ordinaria".

<h1 style="text-align:center">Capitolo V</h1>

<h2 style="text-align:center">Prima riflessione sulla teoria della relatività generale</h2>

Tale prima riflessione la farò prescindendo dal principio di Galileo sulla caduta libera dei gravi.

La seconda riflessione, invece, in riferimento proprio al principio di Galileo sulla caduta libera dei gravi, la farò nella parte settima.

Come tutti sappiamo, nella Fisica classica il moto uniforme assoluto non esiste

Lo ribadisce lo stesso Albert, vedasi pag. 221 del suo sopracitato libro: non capisco perché lo dimentica quando fa i suoi esperimenti mentali.

Parto anch'io con lui per i suoi esperimenti mentali.

Questa volta non starò ad ascoltare solamente le sue conclusioni.

Prima di partire, per prima cosa, ho fatto eseguire degli studi specifici per conoscere più in dettaglio l'attrazione gravitazionale terrestre, mediante una rete di monitoraggio posta sulla superficie terrestre, a varie altezze, nonché in tempi diversi.

Questo proprio per evidenziare che siamo in presenza dello spazio–tempo a quattro dimensioni (latitudine, longitudine, altezza e tempo).

Gli studi, come già qualitativamente ben si sapeva, hanno confermato che l'accelerazione di gravità (proprio a causa della non perfetta sfericità della superficie terrestre; della disomogeneità della densità della massa terrestre; dei moti della terra; dell'influenza sul campo gravitazionale terrestre dei corpi celesti componenti il sistema solare, in particolare sole e luna, già a livello macroscopico in relazione alle maree, alla caduta di meteoriti), non è costante ma varia al variare delle coordinate spaziali e del tempo.

Gli studi hanno dato anche risultati in merito al principio di Galileo sulla caduta libera dei gravi, ma di questo, come già detto, parlerò successivamente nella parte settima.

Inoltre, chiedo che sia portata tutta la strumentazione scientifica necessaria, al fine di verificare sperimentalmente ogni fenomeno oggetto di indagine.

Partiamo!

Non sta a me illustrare la teoria della relatività generale con i presupposti su cui si fonda.

Il lettore, prima di proseguire, potrà fare ogni approfondimento che riterrà utile.

Per estrema semplicità, faccio solo osservare che ad Albert la vigenza del principio di Galileo sulla caduta libera dei gravi, era necessario per poter dire che, durante tale caduta, di conseguenza, i corpi tra di loro sono in quiete (relativa, aggiungo io), quindi non soggetti a forze: è scomparsa la gravità!

5.1. In merito all'esperimento dell'ascensore

Ricordiamoci che l'esperimento viene eseguito ipotizzando solo l'assenza di aria (in modo analogo a Galileo con il suo tubicino).

Intanto, lo stesso Albert non può non evidenziare che la validità del punto di vista dell'osservatore interno è limitata alla durata della caduta libera.

Oltre a tutti gli oggetti vari che ha portato Albert (fazzoletto, orologio), io ho fatto portare anche due sfere d'oro di piccolo diametro (per esempio 0,5 decimetri), nonché altre due sfere sempre d'oro ma di diverso diametro (per esempio una di diametro 0,3 decimetri e l'altra di diametro 10 decimetri).

Tutto ciò al fine di poter eseguire misure accurate, a differenza di Albert che, invece, si è basato soltanto sul suo ragionamento, utilizzando dogmaticamente il principio di Galileo.

All'ascensore viene tranciato il cavo di sostegno.

Inizia la caduta libera verticale.

Non si considera nessuna influenza dell'ascensore sui corpi posti all'interno.

Albert, all'osservatore interno gli fa constatare che "nessuna forza agisce sui due corpi (fazzoletto ed orologio), i quali restano in riposo come se si trovassero in un SC (sistema coordinate) inerziale".

Albert, non è che questi oggetti li vede in riposo, ritiene che siano in tale stato solo perché dovrebbe essere valido il principio di Galileo.

Albert il fenomeno della caduta libera dei gravi non lo vuole proprio vedere.

Non capisco, inoltre, perché Albert gli attribuisce il carattere di SC (sistema coordinate) inerziale, quando sa che il moto uniforme assoluto non esiste. . . lasciamo perdere.

La Fisica classica, sapendo ciò, fa riferimento alle stelle fisse.

Un inciso.

Prima di proseguire, mi preme far notare che Fabio, nel suo libro, in occasione dell'ascensore con cavo tranciato, a pag. 114, scrive «non stanno cadendo, ma fluttuano davanti a lei e perseverano, se non li spinge, nel loro stato di quiete o di moto rettilineo uniforme».

Albert, nel libro, a pag. 225, sempre in occasione dell'ascensore con cavo tranciato, riporta «i quali restano in riposo come se si trovassero in un SC inerziale».

Perché Fabio riporta anche "o di moto rettilineo uniforme"?

Che possa essere il pensiero di Albert, riportato completo nel libro di Fabio, o che sia, invece, il convincimento in aggiunta di Fabio, spetta a lui chiarire tale circostanza.

Quale che siano i fatti, il mio pensiero è che l'eventualità di "di moto rettilineo uniforme", in aggiunta alla quiete non possa esserci.

Proseguiamo.

A questo punto ho invitato Albert a rifare due volte l'esperimento con le due coppie di sfere separatamente.

Concentriamoci sugli aspetti che avvengono dopo che il cavo di sostegno viene tranciato.

Albert, in modo superficiale, nonostante ora ci fosse tutta la strumentazione scientifica necessaria, senza eseguire nessuna misurazione, fa dichiarare al suo osservatore interno, che lui ritiene essere inerziale, che ciascuna coppia di sfere è in stato di quiete (almeno ora possiamo osservare oggetti regolari e non, come prima faceva lui, con il fazzoletto e con l'orologio).

A questo punto io, prima di far eseguire le dovute misurazioni, in base alle mie riflessioni, faccio notare ad Albert che le due coppie di sfere (considerate una alla volta: la prima coppia con diametro uguale; la seconda coppia con i due diametri diversi) non sono in quiete relativa (non capisco perché Albert non lo specifica mai, o forse si? Il suo osservatore interno vive nella caverna), perché la loro distanza reciproca, durante la caduta libera, deve diminuire, sempre senza considerare il principio di Galileo.

Anche a voler solo considerare il moto della caduta libera (verticale), tale moto che per cosciente approssimazione riteniamo naturalmente accelerato (rettilineo con accelerazione costante), le due verticali di ciascuna delle due di sfere (per ognuna delle due coppie presa in esame), non sono due rette parallele, ma due rette radiali verso il centro della terra. Pertanto, al passare del tempo, durante la quale avviene la caduta libera, la distanza reciproca delle due sfere (corda) o la lunghezza dell'arco di circonferenza (per ciascuna delle due coppie di riferimento che si sono formate con le quattro sfere) tende a diminuire. Considerare, invece, costante la distanza tra le sfere, comporta un errore che è direttamente proporzionale all'altezza di caduta libera, ma ininfluente dalla distanza tra le sfere.

Ho volutamente trascurato l'ulteriore avvicinamento delle due sfere, per ciascuna delle due coppie, dovuto all'attrazione reciproca.

Dopo queste precisazioni, Albert approva le mie riflessioni; eseguiamo insieme le misurazioni che confermano i risultati analitici.

Usciamo dall'ascensore. Ci salutiamo.

Lascio Albert pensoso.

Mi fa capire che intuisce il seguito.

Se ne va. . . alla ricerca di Galileo e di Isaac. . .

Borbottando. . .

Dopo cent'anni, ma che bisogno aveva Fabio di scrivere il suo libro?

Non avevo già dato il doveroso merito a Ricci Curbastro, per il suo impianto matematico che ho utilizzato per la mia teoria della relatività generale?

Io potrei concludere qui.

Questa riflessione sulla teoria della relatività generale di Albert Einstein è sufficiente per confutarla?

Poco importa se ciò sia avvenuto per la non vigenza del principio di Galileo sulla caduta libera dei gravi o per qualsiasi altro motivo sempre ad essa collegata.

Ma proseguo. Anche perché, a prescindere dalle ulteriori conseguenze sulla relatività, devo riflettere dove e perché il principio di Galileo sulla caduta libera dei gravi possa essere affetto da un errore, derivante dalla successiva legge di gravitazione di Isaac Newton.

5.2. In merito all'esperimento dell'astronave

Gli esperimenti mentali sono ammissibili quando hanno una loro logica e coerenza (eliminazione dell'aria; eliminazione dell'attrito; isolamento termico).

Questo dell'astronave non ce lo vedo proprio.

Pur ammettendo tale esperimento (partiamo), una volta arrivati in questo remoto spazio dell'universo (ma cosa vuol dire non sia soggetta ad alcun apprezzabile campo gravitazionale, evidentemente si dà per scontato che la sua rigorosa assenza non esiste perché si è nell'universo. . .), cosa fa l'astronave? Si ferma? Si muove di moto rettilineo uniforme? Si muove di moto vario? Non vedo proprio perché l'astronave debba essere un sistema inerziale.

Ma andiamo avanti!

Albert, per dogma, deve donare all'astronave lo stato inerziale: sa che, altrimenti, non potrebbe continuare.

Questo da solo, ancora una volta, è sufficiente per confutare la sua teoria della relatività generale?

Ma andiamo avanti!

Mentre la durata dell'esperimento dell'ascensore è limitata a quella della caduta libera, paradossalmente, l'esperimento dell'astronave diventa un moto perpetuo vario.

Questo da solo, per l'ennesima volta, è sufficiente per confutare la sua teoria della relatività generale?

Ma andiamo avanti!

L'astronave è soggetta all'accelerazione costante (come da suo esempio 9,8 m/sec^2) con moto verso l'alto. Tutti i corpi al suo interno, che prima fluttuavano (Cosa vuol dire ciò? Vagavano in moto caotico come i moti browniani? In che modo escono da questo caos per ordinarsi al moto seguente e in quanto tempo?), ora si muovono con la stessa accelerazione costante, ma verso il basso.

Mi rifiuto di pensare il moto degli oggetti all'interno dell'astronave, dall'istante in cui inizia il moto con accelerazione costante fino a quando non raggiungono il pavimento, dal quale dopo sentirebbero il loro peso: mi rifiuto perché penso che tale moto sia impossibile.

Proprio perché i corpi sono soggetti ad una accelerazione costante, non può esistere l'equivalenza con il campo gravitazionale terrestre che sappiamo essere variabile.

Questo da solo, continua ad essere sufficiente per confutare la sua teoria della relatività generale?

Quando la donna arriva al pavimento, "non si sente più priva di peso", (peso costante). . .ma può benissimo "credere di essere tornata a portata di genere".

Ma come prima, proprio per ritenere il proprio peso costante, la sua valutazione è errata. Le due alternative non sono affatto equivalenti.

Ritengo che non esista proprio nessun principio di equivalenza.

Ritengo che non esista nessun sistema inerziale (anche

perché in natura non vedo come possano esistere sistemi inerziali), immerso in un campo gravitazionale, che possa essere equivalente a un sistema accelerato in cui non vi sia alcun campo gravitazionale.

Ritengo che non esista proprio nessun moto accelerato uniforme (immaginario), tra l'altro in natura non ce ne sono, che possa mai essere equivalente ad un campo gravitazione (reale) che è sempre vario.

La teoria della relatività generale, finora, è stata oggetto di riflessione a prescindere dal *Principio di Galileo Galilei sulla caduta libera dei gravi*.

In appresso, nella parte settima, sarà ancora oggetto di riflessione specificatamente in relazione alla non possibile validità del *Principio di Galileo Galilei sulla caduta libera dei gravi*.

Capitolo VI

Fisica ordinaria

Siamo nello spazio–tempo a quattro dimensioni (3 + 1), ove tutto è orbitante, quindi con moto vario e con il fluire del tempo non uniforme.

Di questo spazio–tempo, ad oggi, non conosciamo l'inizio, né tanto meno possiamo conoscere la fine.

Dalle Osservazioni Elementari scaturisce quanto appresso.

Non esistono sistemi di riferimento inerziali.

La teoria della relatività generale di Einstein, quindi, solo per questo, perde la sua ragion d'essere.

Tutte le componenti dell'universo sono in moto vario.

Faccio notare che per la Fisica classica: massa inerziale e massa gravitazionale sono proporzionali tra di loro; in base alle unità di misura scelte, assumono lo stesso valore: $m_i = m_g$.

Albert, nel suo libro a pag. 46, dichiara: «Dal punto di vista della Fisica classica la risposta è: l'identità delle due masse è accidentale e non le va attribuito maggior significato».

Albert, invece, vedasi pag. 115 del libro di Fabio, eleva «tale identità al rango di postulato, di principio supremo della natura».

Pertanto, per lui, tutto deve proseguire in ossequio a questo dogma.

Dal mio punto di vista, per quello che la Scienza ad oggi ci dice, la materia è una.

Pertanto, mi domando se possa essere coerente la formulazione che di seguito riporto?

I tre principi della dinamica:

a) il primo principio potrebbe essere formulato in due parti:

- un corpo, che è vincolato (soggetto ad un sistema di forze auto equilibrato), persevera nel suo stato di quiete relativa (in visione approssimativa) fino a quando non interviene un'altra causa esterna (forza) che modifica tale stato di *quiete relativa, per portarlo in moto vario;*
- un corpo per poter essere portato dal moto vario in stato di moto rettilineo uniforme relativo (in visione approssimativa) per una porzione limitata di spazio–tempo è necessario che sia soggetto in quella porzione limitata di *spazio–tempo ad un'altra causa esterna (forza);*

b) il secondo principio potrebbe essere formulato in: se ad un corpo di massa m applichiamo una forza F il corpo acquista una accelerazione che è a = F/m;

c) il terzo principio potrebbe restare immutato.

Ad ogni azione corrisponde una reazione uguale e contraria.

La legge di attrazione gravitazionale universale:

G = costante di gravitazione universale;
m_1 ; m_2 = masse dei corpi;
d = distanza tra i corpi;

$$F_a = G \frac{m_1 m_2}{d^2}$$

= (forza di attrazione gravitazionale).

Il *Principio di Galileo Galilei sulla caduta libera dei gravi*: «I corpi, prescindendo dalla presenza dell'aria (in visione approssimativa), non sono soggetti alla stessa accelerazione di gravità, ma più è massivo il corpo minore è tale accelerazione».

La fondatezza di tale mio nuovo enunciato è provata dagli specifici calcoli analitici di seguito riportati, fatti sotto le stesse ipotesi della Fisica classica: sfericità; densità costante; ininfluenza della gravità dovuta agli altri corpi celesti esterni alla terra (luna, meteore, sole, stelle e galassie).

Dobbiamo prescindere solo dall'attrito dell'aria.

Faccio osservare che la massa della terra (M_t) che genera la forza di attrazione gravitazionale è tale (M_t) quando ci si riferisce alla superficie terrestre. In tal caso, non c'è nessuna massa di prova, separata dalla terra, posta ad una certa altezza dalla superficie terrestre.

Quando, invece, si vuole calcolare la forza di attrazione gravitazionale e la conseguente accelerazione di gravità alle quali è soggetto un corpo di massa di prova iesima (m_{pi}), posto ad una certa altezza h dalla superficie terrestre, considerato che la massa del corpo di prova non fa più parte della massa della terra perché portato all'altezza del punto di prova, allora la massa della terra che determina l'attrazione gravitazionale sulla massa di prova iesima è quella restante che vale:

$$M_{ti} = M_t - m_{pi}.$$

Non detrarre la massa di prova (mpi) dalla massa della terra (M_t), è un grave errore, specialmente quando il principio di Galileo viene utilizzato per una nuova teoria, come nel caso di Albert per la sua teoria della relatività generale.

È così evidente.

Tant'è che per la forza di attrazione universale tra due corpi, come prima riportato:

G = costante di gravitazione universale;
m_1; m_2 = masse dei corpi;
d = distanza tra i corpi;

$$F_{a12} = F_{a21} = G\,\frac{m_1 m_2}{d^2}$$

= (forza attrazione gravitazionale);

le due masse m_1 e m_2 sono e devono essere due masse distinte.

Non ci può essere la massa di prova iesima (m_{pi}) inglobata nella massa della terra (M_t), come erroneamente riportato nei calcoli della Fisica classica.

L'esperienza del fisico Loránd Eötvös, in base alla quale è stata ottenuta l'uguaglianza tra massa inerziale e massa gravitazionale ($m_i = m_g$), è gravata da questo stesso errore.

Pertanto se anch'io distinguessi i due aspetti della massa (massa inerziale e massa gravitazionale), l'uguaglianza $m_i=m_g$ prospettata da Loránd Eötvös non ci sarebbe più (poco importa per quale incidenza), con la conseguenza della non vigenza del *Principio di Galileo Galilei sulla caduta libera dei gravi*, per come riportato nella Fisica classica:

«Tutti i corpi, sulla terra, prescindendo dalla presenza dell'aria, sono soggetti alla stessa accelerazione di gravità».

Non vigendo più il *Principio di Galileo Galilei sulla caduta libera dei gravi*, va da sé, per correlata conseguenza, che i presupposti della teoria della relatività generale di Albert non ci sono più.

Potrei, ancora una volta, concludere qui!

Ma come ho già detto, dal mio punto di vista filosofico, per quello che la Scienza ad oggi ci dice, la materia è una (m = massa).

E andiamo avanti!

Di seguito riporto il calcolo della forza di attrazione gravitazionale e della conseguente accelerazione di gravità per le due masse di prova m_{p1} e m_{p2}.

Ipotizziamo $m_{p1} > m_{p2}$.

Eseguo l'analisi secondo due distinte modalità:
a) la prima considerando le due masse di prova separatamente (questa è la sola analisi fatta prima);
b) la seconda considerando contemporaneamente le due masse di prova.

6.1. Prima modalità: le due masse separatamente

a) Primo caso per m_{p1}

G = costante di gravitazione universale;
M_t = massa della terra;
r = raggio della terra;
h = altezza di prova dalla superficie terrestre;
m_{p1} = prima massa di prova;
$M_{t1} = M_t - m_{p1}$ = massa della terra rimanente;

$$F_{a1} = G\frac{M_{t1}m_{p1}}{(r+h)^2} = G\frac{(M_t - m_{p1})m_{p1}}{(r+h)^2} =$$

= (forza di attrazione gravitazionale);

$$g_1 = \frac{F_{a1}}{m_{p1}} = G\frac{(M_t - m_{p1})}{(r+h)^2}$$ = accelerazione di gravità.

b) Secondo caso per m_{p2}

G = costante di gravitazione universale;
M_t = massa della terra;
r = raggio della terra;
h = altezza di prova dalla superficie terrestre;
m_{p2} = seconda massa di prova;
$M_{t2} = M_t - m_{p2}$ = massa della terra rimanente;

$$F_{a2} = G\frac{M_{t2}m_{p2}}{(r+h)^2} = G\frac{(M_t - m_{p2})m_{p2}}{(r+h)^2} =$$

= (forza di attrazione gravitazionale);

$$g_2 = \frac{F_{a2}}{m_{p2}} = G\frac{(M_t - m_{p2})}{(r+h)^2}$$ = accelerazione di gravità.

Da cui si evince che le due accelerazioni di gravità (g_1 e g_2) sono diverse (proprio perché diversa è la massa della terra rimanente rispetto ad ogni massa di prova iesima).

In particolare, come da ipotesi, essendo $m_{p1} > m_{p2}$ ne segue che $(M_t - m_{p1}) < (M_t - m_{p2})$.

Pertanto, in conclusione si ha: $g_1 < g_2$.

Si riporta Il *Principio di Galileo Galilei sulla caduta libera dei gravi*: «I corpi, prescindendo dalla presenza dell'aria (in visione approssimativa), non sono soggetti alla stessa accelerazione di gravità, ma più è massivo il corpo minore è tale accelerazione».

6.2. Seconda modalità: le due masse in contemporanea

L'analisi della prima modalità, da sola, è sufficiente per la verifica del principio di Galileo e per l'implicanza sulla teoria della relatività generale di Albert.

Eseguo anche lo studio della seconda modalità per completezza di analisi.

Preliminarmente faccio le seguenti riflessioni, visualizzate nell'appendice A.

Considero tre masse sferiche uguali per posizionarle in modo da formare un triangolo equilatero.

Mentre i magneti e le cariche elettriche possono essere schermate, lo stesso non può essere per le masse.

La gravità non può essere schermata.

Vago per l'universo senza mai riuscire a costruire il triangolo equilatero.

Albert, invece, ancora una volta, ci sarebbe riuscito!?

La Scienza oggi ci dice che l'universo ha avuto origine dal "big bang".

Dato ciò per scontato, allora, riesco a concepire che prima del "big bang" possano esserci le tre masse sferiche uguali posizionate in modo da formare un triangolo equilatero.

In tal modo, per simmetria, le tre masse si muovono verso l'interno, ciascuna lungo la propria bisettrice di riferimento: il moto cessa quando le tre sfere si toccano.

Queste premesse mi servono per evidenziare la mutua reazione tra le masse.

Ora sono cosciente di poter analizzare la caduta libera contemporanea di due corpi aventi masse diverse ($m_{p1} > m_{p2}$), nonché di poter studiare il caso particolare delle due masse uguali ($m_{p1} = m_{p2}$).

Il riscontro di avere le due accelerazioni uguali per il caso particolare delle due masse uguali ($m_{p1} = m_{p2}$), sarà la riprova della bontà della mia analisi.

c) Terzo caso per $m_{p1} > m_{p2}$ (in contemporanea):

G = costante di gravitazione universale;
M_t = massa della terra;
r = raggio della terra;
h = altezza di prova dalla superficie terrestre;
m_{p1} = prima massa di prova;
m_{p2} = seconda massa di prova;
$M_{t3} = M_t - m_{p1} - m_{p2}$ = massa della terra rimanente.

Per i calcoli analitici di dettaglio vedasi appendice B.

Considero le due masse di prova poste alla distanza reciproca "d".

Si viene a formare il triangolo isoscele ABC, i cui lati obliqui AC e BC sono i due segmenti radiali (r + h) e la base AB è il segmento di lato"d".

Se le due masse fossero uguali, per simmetria, è come se avessi un solo corpo di massa $m_{p1} + m_{p2}$ posto nel punto medio dell'arco di circonferenza che sottende la base, la cui proiezione su tale base è il punto H (punto medio).

Pertanto la risultante delle due forze di attrazione che le due masse esercitano nei confronti della terra è lungo la bisettrice dei lati obliqui (segmento CH).

Nel caso generale di $m_{p1} > m_{p2}$, è come se avessi un solo corpo di massa $m_{p1} + m_{p2}$ posto in un punto P dell'arco di circonferenza che sottende la base; la congiungente CP interseca tale base nel punto K, posto più vicino alla massa m_{p1}.

Pertanto la risultante delle due forze di attrazione che le due masse esercitano nei confronti della terra, è lungo la congiungente CP.

In modo analogo, la risultante delle due forze di attrazione che la terra esercita sulle due masse è lungo la congiungente CP.

Tale forza risultante va scomposta in ognuna delle due componenti per ciascuna massa.

I calcoli analitici di dettaglio sono eseguiti nell'appendice B, ove è anche trattato il caso particolare delle due masse allineate con la terra.

Quindi, ad eccezione del caso particolare delle due masse allineate con la terra, quindi con diverso da 0°, 180° e 360°, per il cui studio particolare vedasi appendice B, si ha:

1) per m_{p1}:

$$F_{a3}(1) = G \frac{M_{t3} \cdot \left(m_{p1} + m_{p2} \right)}{(r+h)^2} \cdot \frac{\sin\left(\gamma_2 \right)}{\sin\left(\gamma \right)} =$$

= (forza attrazione gravitazionale);

2) per m_{p2}:

$$F_{a3}(2) = G \frac{M_{t3} \cdot \left(m_{p1} + m_{p2} \right)}{(r+h)^2} \cdot \frac{\sin\left(\gamma_1 \right)}{\sin\left(\gamma \right)} =$$

= (forza attrazione gravitazionale);
Pertanto le due accelerazioni valgono:

1) per m_{p1}:

$$g_3(1)=\frac{F_{a3}(1)}{m_{p1}}$$ sostituendo si ha

$$g_3(1)= G\,\frac{\left(M_t-m_{p1}-m_{p2}\right)\cdot\left(m_{p1}+m_{p2}\right)}{(r+h)^2}\cdot\frac{\sin\left(\gamma_2\right)}{\sin\left(\gamma\right)}\cdot 1/m_{p1}$$

2) per m_{p2}:

$$g_3(2)=\frac{F_{a3}(2)}{m_{p2}}$$ sostituendo si ha

$$g_3(2)= G\,\frac{\left(M_t-m_{p1}-m_{p2}\right)\cdot\left(m_{p1}+m_{p2}\right)}{(r+h)^2}\cdot\frac{\sin\left(\gamma_1\right)}{\sin\left(\gamma\right)}\cdot 1/m_{p2}$$

Le due accelerazioni di gravità $g_3(1)$ e $g_3(2)$ sono diverse.

Cosa importante, proprio per la mutua azione reciproca, le due accelerazioni di gravità $g_3(1)$ e $g_3(2)$ sono diverse, sia per la detrazione delle due masse di prova m_{p1} e m_{p2}, nonché per la dipendenza dai valori degli angoli γ_1 e γ_2.

Solo per il caso particolare di $m_{p1} = m_{p2}$, per essere $\gamma_1=\gamma_2$, allora le due accelerazioni $g_3(1)$ e $g_3(2)$ sono uguali.

In generale, come da ipotesi, essendo $m_{p1} > m_{p2}$, dai calcoli analitici di dettaglio, vedasi appendice B, scaturisce che:

$$g_3(1) < g_3(2).$$

Tale conclusione è ancor di più marcata se si fosse considerato anche l'effetto della mutua attrazione tra m_{p1} e m_{p2}, contributo che pertanto, per semplificare i calcoli, per casistica generale, volutamente ho trascurato.

Si riporta Il *Principio di Galileo Galilei sulla caduta libera dei gravi*: «I corpi, prescindendo dalla presenza dell'aria (in visione approssimativa), non sono soggetti alla stessa accelerazione di gravità, ma più è massivo il corpo minore è tale accelerazione».

Per completezza di studio, faccio notare che il caso generale di un numero qualsiasi di masse in contemporanea, comunque disposte (su un solo piano verticale; su tanti piani verticali), è risolvibile come il caso di solo due masse.

Prima si trova il baricentro di tutte le masse ove concentrare la loro massa totale.

Poi si calcola la risultante delle forze di attrazione che le masse esercitano nei confronti della terra.

La corrispondente risultante delle forze di attrazione che la terra esercita sulle masse va scomposta in ognuna delle componenti per ciascuna massa.

Pertanto si considera la prima massa e quella costituita dalla somma delle masse rimanenti, pensata applicata nel relativo baricentro.

Si trova così la prima componente e la componente della risultante delle masse rimanenti.

In modo reiterato si trovano tutte le altre componenti.

Quindi, si possono calcolare le accelerazioni per ciascuna massa.

Dal confronto delle espressioni ottenute, che sono evidentemente tutte diverse tra di loro, per analogia, si ha per

$$m_{pi} > m_{pi+1},$$

allora

$$g_3(i) < g_3(i+1).$$

Ancora una volta, si riporta Il *Principio di Galileo Galilei sulla caduta libera dei gravi*: «I corpi, prescindendo dalla presenza dell'aria (in visione approssimativa), non sono soggetti alla stessa accelerazione di gravità, ma più è massivo il corpo minore è tale accelerazione».

Non mi cimento nello studio della caduta libera all'interno della superficie terrestre.

Ad altri il compito.

Io, intuitivamente, confermo la mia descrizione approssimativa: «I corpi, prescindendo dalla presenza dell'aria (in visione approssimativa), non sono soggetti alla stessa accelerazione di gravità, ma più è massivo il corpo minore è tale accelerazione».

Capitolo VII

Seconda riflessione sulla teoria della relatività generale

Nella quinta parte ho trattato la prima riflessione sulla teoria della relatività generale.

Ora tratto la seconda riflessione, con esclusivo riferimento al *Principio di Galileo Galilei sulla caduta libera dei gravi*.

Come ho fatto notare nella precedente sesta parte, tale principio: «Tutti i corpi, sulla terra, prescindendo dalla presenza dell'aria, sono soggetti alla stessa accelerazione di gravità» è affetto da un grave errore.

Inoltre, come ho già avuto modo di far notare nella seconda parte, riporto quanto segue:

a) l'accelerazione di gravità non è costante ma varia in ogni punto della terra (con la latitudine, con la longitudine e con l'altezza) e con il passare del tempo;

b) il principio di Galileo non contempla la costanza dell'accelerazione di gravità (costanza aggiunta, arbitrariamente, da Albert, ma che la Fisica classica utilizza solo a fini didattici);

c) nell'esaminare la caduta libera, Galileo non ha posto nessuna condizione restrittiva in merito alla posizione reciproca dei corpi (quindi per qualsiasi valore di γ, vedasi appendice B).

La teoria della relatività generale di Einstein, che comunque è già stata oggetto delle mie riflessioni per altre motivazioni, ora lo è per la seconda volta perché non ha più come presupposto la validità del *Principio di Galileo Galilei sulla caduta libera dei gravi*.

La caverna è stata eliminata.

Un solo osservatore che guarda la caduta libera dei gravi, sia dal punto di vista esterno che dal punto di vista interno, osserva un solo fenomeno: la caduta libera dei gravi.

Questo, come già in precedenza osservato, per un duplice motivo:

a) primo motivo: la caduta dei gravi è in direzione verticale che è radiale, aspetto mai considerato da Albert;

b) secondo motivo: la caduta di ciascun grave avviene con accelerazione che è diversa per masse diverse, per la non vigenza del principio di Galileo.

In tal modo, il presupposto per la non vigenza della teoria della relatività generale, per come anche riportato da Fabio nel suo libro a pag. 115 (o da Albert nei suoi libri), «Tuttavia, ci avverte Einstein: se vi fosse anche un solo oggetto che cadesse nel campo gravitazionale in modo diverso da tutti gli altri, allora, grazie ad esso, un osservatore potrebbe accorgersi di trovarsi in un campo gravitazionale e di stare cadendo in esso» si è verificato! Albert, come si evince dalla lettura di quanto da lui scritto nel suo libro (vedi pag. 231), che di seguito si riporta: «I fantasmi "moto assoluto" e "SC (sistema di coordinate) inerziale assoluto" possono essere cacciati dalla fisica. La costruzione di una nuova fisica relativistica diviene così possibile"» penso che abbia tenuto un comportamento non confacente nei confronti dei suoi predecessori, in particolare per Newton.

Il terzo principio della dinamica, come abbiamo visto, è rimasto immutato.

Noi però nei suoi confronti non lo applicheremo. E lo salutiamo.

Ciao Albert, e ti ringraziamo anche per quello che hai fatto prima per la Fisica.

Considerazioni e mie riflessioni.

Albert con la sua teoria voleva raggiungere due scopi:

a) primo scopo: non avere Sistemi di riferimenti privilegiati, quelli inerziali;
b) secondo scopo: avere una fisica relativistica.

Il raggiungimento di tali scopi lo ha allontanato da ogni osservazione elementare.

Pensava di poter eliminare una prerogativa della materia, quella dell'attrazione gravitazionale.

Ma, invece, come ha potuto non accorgersi dell'evidenza dei fatti?

a) *Primo fatto*: non esistono Sistemi di riferimenti privilegiati, perché sono tutti non inerziali.
b) *Secondo fatto*: lo spazio–tempo "ordinario" è già relativistico e a quattro dimensioni.

Capitolo VIII

La forma dei corpi solidi

8.1. Per la teoria della relatività generale di Albert Einstein

In questa sezione voglio analizzare gli effetti inerziali e gravitazionali che si originano sui corpi "solidi", in riferimento alla loro forma, costituiti dalla stessa quantità di materia (stessa massa) ma di sostanze diverse (ad esempio: solo platino e solo legno).

Valuterò le conseguenze, con particolare riferimento a quelle sulla teoria della relatività generale di Albert Einstein.

I corpi avranno la stessa forma, quindi sono solidi simili.

Considero una certa quantità di kg massa di platino in forma sferica di raggio R_p.

Considero la stessa quantità di kg massa di legno, sempre in forma sferica di raggio R_l.

Per essere la densità del platino (d_p = 21450 kg/m^3) maggiore della densità del legno (d_l = 800 kg/m^3): $d_p > d_l$, allora il volume della sfera di platino (V_p) sarà più piccolo di quello della sfera del legno (V_l): $V_p < V_l$ e conseguentemente anche il raggio della sfera di platino (R_p) sarà più piccolo di quello della sfera del legno (R_l): $R_p < R_l$.

Eseguo la pesatura della sfera di platino e della sfera di legno con una bilancia posta sulla superficie terrestre.

Ricordiamoci, sempre, in un laboratorio in assenza d'aria; questa volta per annullare anche gli effetti verso l'alto della spinta di Archimede.

La sfera di platino avrà un peso maggiore di quello della sfera di legno.

Questo perché per essere $R_p < R_l$, allora la distanza del centro di massa della sfera di platino (D_p) dalla superficie terrestre (ove è posta la bilancia), quindi dal centro della terra, è minore della distanza del centro di massa della sfera di legno (D_l) dalla superficie terrestre, quindi dal centro della terra.

Pertanto la forza di attrazione gravitazionale a cui è soggetta la sfera di platino (peso della sfera di platino) è maggiore della forza di attrazione gravitazionale a cui è soggetta la sfera di legno (peso della sfera di legno); conclusione:

Peso sfera platino > Peso sfera legno.

Questa particolarità di avere pesi diversi per corpi fatti da sostanze diverse, pur aventi la stessa massa, ma costituiti da forme solidi simili, non si manifesta se i corpi sono costituiti da forme solide diverse, però in modo da poter avere la stessa distanza del loro centro di massa del corpo dalla superficie terrestre.

Nel caso di un solo corpo, costituito in forma sferica, o in forma di poliedro regolare, o in forma di cilindro equilatero (diametro del cerchio di base uguale all'altezza), il suo peso non varia al mutare del piano di posa di appoggio (per il poliedro regolare e per il cilindro equilatero) o del punto di contatto (per la sfera) o dell'altezza di contatto (per il cilindro equilatero), perché cambiando la posizione non varia la distanza del suo centro di massa dalla superficie terrestre.

Sempre nel caso di un solo corpo, ma non costituito né in forma sferica, né in forma di poliedro regolare e né in forma di cilindro equilatero (diametro del cerchio di base uguale all'altezza), considero ad esempio un parallelepipedo di platino, invece, il suo peso varia al mutare della posa di appoggio, perché al mutare della posizione varia la distanza del suo centro di massa dalla superficie terrestre, quindi dal centro della terra.

Considero, infine, la stessa quantità di massa della stessa sostanza (ad esempio platino) costituenti tre corpi di forme diverse, in modo da non avere la stessa distanza del loro centro di massa del corpo dalla superficie terrestre: il primo in forma sferica, il secondo in forma di cilindro equilatero e il terzo in forma cubica.

Tale distanza del centro di massa, considerando per semplicità una quantità di massa tale che il rapporto tra massa e densità sia 1 (quindi volume unitario: M/d=V=1), vale:

a) per la sfera ($V = 4 \times 3,14 \, r^3 / 3 = 1$):
$$r = (3/(4x3, 14))^{1/3} = 0, 62;$$
$$D_s = r = 0, 62;$$

b) per il cilindro equilatero ($V=3,14 \, d^3 /4=1$):
$$d = (4/3, 14)^{1/3} = 1, 08 \qquad r = d/2 = 1, 08/2 = 0, 54;$$
$$D_{cil} = r = 0, 54;$$

c) per il cubo ($V=l^3=1$):
$$l = 1^{1/3} = 1 \qquad l/2 = 1/2 = 0, 5;$$
$$D_c = l/2 = 0, 5.$$

Ne deriva che:

$$D_c < D_{cil} < D_s.$$

Pertanto:

Peso cubo > Peso cilindro > Peso sfera.

Tale effetto continua ad essere sempre più accentuato, in modo crescente, per le piastre, per le lastre, per le membrane e per le pellicole.

Inoltre tale effetto aumenta al diminuire della densità del corpo considerato.

In conclusione, pur se in presenza della stessa quantità di massa, gli effetti gravitazionali sui corpi variano se:
  a) per sostanze diverse (esempio: platino e legno mantengo fissa la loro forma (solidi simili);
  b) non hanno forma regolare (né forma sferica, né forma di poliedro regolare e né forma di cilindro equilatero);
  c) per la stessa sostanza, la forma è tale che varia la distanza del centro di massa dalla superficie terrestre.

Tale variazione si accentua sempre più all'aumentare della massa dei corpi considerati.

Gli effetti gravitazionali sui corpi sono influenzati dalla loro forma.

Tutti i corpi, costituiti dalla stessa quantità di massa, a prescindere dalla loro forma, se sottoposti alla stessa forza, acquistano la stessa accelerazione.

Gli effetti inerziali sui corpi, pertanto, non sono influenzati dalla loro forma.

Analizzo, ora, il secondo esperimento mentale di Albert (viaggio dell'astronave per raggiungere una zona dello spazio remoto dell'universo); ribadisco tutte le osservazioni già in precedenza fatte nella parte quinta.

Ora nell'astronave ho fatto portare anche due sfere, una di platino e l'altra di legno, con la stessa massa; due parallelepipedi di platino aventi la stessa massa (per comodità diversa di quella delle due sfere) e le stesse dimensioni, ma disposti, per esempio uno ortogonale all'altro, o in qualsiasi altra direzione tra di loro, che non sia la parallela; nonché tre corpi di platino di uguale massa (tale massa, sempre per comodità, diversa sia da quella delle due sfere di platino e di legno che da quella dei due parallelepipedi), il primo di forma sferica, il secondo di forma di cilindro equilatero e il terzo di forma cubica.

Quando l'astronave parte con accelerazione costante g, sin dal primo istante (quando il pavimento dell'astronave tocca i corpi), per tutta la durata durante la quale l'astronave accelera con g costante, non c'è nessuna equivalenza tra gli effetti inerziali e quelli gravitazionali.

Infatti tutti i corpi ora, per avere la stessa massa (la coppia delle due sfere; i due parallelepipedi; la terna costituita dalla sfera, dal cilindro equilatero e dal cubo) per l'effetto inerziale dell'accelerazione g, manifestano lo stesso peso (F_a = forza apparente):

$$P_{sfere} = F_a = m_{sfere}\, g;$$

$$P_{parallelepipedi} = F_a = m_{parallelepipedi}\, g;$$

$$P_{sfera} = P_{cilindro\ equilatero} = P_{cubo} = F_a = m_{sfera}\, g = m_{cilindro\ equilatero}\, g =$$
$$= m_{cubo}\, g.$$

Contrariamente all'effetto gravitazionale che, come in precedenza mostrato, comporta per i corpi di stessa massa (le due sfere, una di platino e l'altra di legno, con la stessa massa; i due parallelepipedi di platino aventi la stessa massa e le stesse dimensioni, ma disposti uno ortogonale all'altro; nonché i tre corpi di platino di uguale massa, il primo di forma sferica, il secondo di forma di cilindro equilatero e il terzo di forma cubica) avere pesi diversi.

Pertanto l'osservatore interno, constatando che i corpi prima descritti (le due sfere, una di platino e l'altra di legno, con la stessa massa; i due parallelepipedi di platino aventi la stessa massa e le stesse dimensioni, ma disposti uno ortogonale all'altro; nonché i tre corpi di platino di uguale massa, il primo di forma sferica, il secondo di forma di cilindro equilatero e il terzo di forma cubica), manifestano tutti lo stesso peso (P_{sfere}; $P_{parallelepipedi}$; P_{sfera}, $P_{cilindro\ equilatero}$, P_{cubo}), conclude che il sistema astronave (con tutti i corpi al suo interno) non è immesso in nessun campo gravitazionale ma sta accelerando.

Non c'è nessuna equivalenza tra il moto uniformemente accelerato e il campo gravitazionale.

La gravità non è una entità relativa.

La gravità è una entità assoluta.

Queste ulteriori constatazioni sulla teoria della relatività generale di Albert Einstein, ancora una volta, sono sufficienti per confutarla?

8.2. Per il principio di Galileo Galilei

In questa sezione, come nella precedente sezione B.1, voglio analizzare gli effetti inerziali e gravitazionali che si originano sui corpi "solidi", in riferimento alla loro forma, costituiti dalla stessa quantità di materia (stessa massa) ma di sostanze diverse (ad esempio: solo platino e solo legno).

Ora, valuterò le conseguenze, in riferimento al *Principio di Galileo Galilei sulla caduta libera dei gravi* (istante iniziale) fino alla conclusione di detta caduta libera sulla superficie terrestre.

Lo studio che ho eseguito nel precedente Cap. 6, in riferimento al *Principio di Galileo Galilei sulla caduta libera dei gravi* «I corpi, prescindendo dalla presenza dell'aria (in visione approssimativa), non sono soggetti alla stessa accelerazione di gravità, ma più è massivo il corpo minore è tale accelerazione», trattando solo l'istante iniziale di tale fenomeno, non è influenzato dall'analisi di questa sezione.

Lo studio di questa sezione, riguarda il caso particolare di corpi aventi la stessa massa, con sostanze diverse (ad esempio: solo platino e solo legno), costituiti in forma sferica, o in forma di poliedro regolare, o in forma di cilindro equilatero.

Tale studio riguarda anche il caso particolare di corpi aventi la stessa massa e la stessa sostanza, le cui forme non sono né la sferica, né la poliedrica regolare e né quella di cilindro equilatero, ma di qualsiasi altra forma, ad esempio quella di due parallelepipedi disposti in modo ortogonale tra di loro.

Di seguito, in modo sintetico, eseguirò lo studio solo per due corpi aventi la stessa massa e di sostanze diverse (ad esempio: solo platino e solo legno) e costituiti in forma sferica.

La caduta libera delle due sfere inizia quando sono prive di vincoli; cessa quando toccano la superficie terrestre.

Pertanto quattro sono le grandezze da osservare per i due corpi:

1) distanza del centro di massa del corpo dalla superficie terrestre;
2) altezza di caduta del corpo;
3) *velocità finale di caduta del corpo;*
4) tempo di caduta del corpo.

Per la sfera di platino (raggio sfera r_p):

1) *distanza del centro di massa = D_p;*
2) *altezza di caduta = h_{cp} = $D_p - r_p$;*
3) *velocità finale = V_p;*
4) *tempo di caduta = t_p.*

Per la sfera di legno (raggio sfera r_l):

1) *distanza del centro di massa = D_l;*
2) *altezza di caduta = h_{cl} = $D_l - r_l$;*
3) *velocità finale = V_l;*
4) *tempo di caduta = t_l.*

Osservo che per essere $r_p < r_l$ risulta: $h_{cp} > h_{cl}$.

All'istante iniziale, le due sfere per avere la stessa massa, la stessa distanza dal centro della terra, sono soggette alla stessa accelerazione di gravità: hanno lo stesso peso iniziale.

Istante per istante, durante la caduta libera, le due sfere, percorrendo lo stesso tratto di caduta, hanno lo stesso aumento di accelerazione di gravità e la stessa velocità istantanea: hanno lo stesso peso istantaneo.

Dopo il tempo t_l, la sfera di legno, avendo toccato la superficie terrestre, cessa la sua caduta libera raggiungendo la velocità finale V_l.

La sfera di platino, invece, continuerà la sua caduta fino al tempo successivo t_p ($t_p > t_l$), raggiungendo la sua velocità finale V_p ($V_p > V_l$).

Pertanto, due corpi aventi la stessa massa, ma costituiti da sostanze diverse, di forma sferica, posti alla stessa distanza dal centro della superficie terrestre, pur essendo soggetti alla stessa accelerazione di gravità, hanno valori diversi per le tre rimanenti grandezze (altezza di caduta, velocità finale, tempo di caduta) che definiscono il fenomeno della caduta libera studiato da Galileo Galilei.

Questa diversità dei valori caratteristici delle grandezze del fenomeno della caduta libera dei gravi, è ancor di più accentuato nel caso particolare che la sfera di platino, nell'istante iniziale, sia posta con il suo centro di massa ad una distanza dalla superficie terrestre pari al raggio della sfera di legno (r_l).

In queste condizioni la sfera di legno, essendo posta sulla superficie terrestre, non è soggetta a nessuna caduta libera ($h_{cl} = 0$): essa avrà un certo peso.

La sfera di platino, invece è soggetta al fenomeno della caduta libera, la cui altezza di caduta vale:

$$h_{cp} = rl - r_p.$$

Al termine della caduta la sfera di platino avrà il suo peso finale che è maggiore di quello della sfera di legno.

Siamo partiti con il *Principio di Galileo Galilei sulla caduta libera dei gravi* nella versione ormai superata:

«Tutti i corpi, sulla terra, prescindendo dalla presenza dell'aria, sono soggetti alla stessa accelerazione di gravità»; per arrivare alla presente conclusione (in visione approssimativa), che chiamo "principio di galileo galilei generalizzato": «Sono soggetti alla stessa accelerazione di gravità, con l'uguaglianza di tutte le grandezze necessarie a descrivere il fenomeno della caduta libera dei corpi sulla terra, solo quei corpi della stessa sostanza (stessa densità) aventi la stessa massa e la stessa forma».

Lo studio del fenomeno della caduta libera nella sua globalità, comporta, in modo analogo, un approfondimento per il bilancio dell'energia potenziale e cinetica.

Per esempio per le due sfere di platino e di legno aventi la stessa massa, poste sulla superficie terrestre.

Per le due sfere il lavoro necessario per portarle alla stessa energia potenziale (stessa distanza del loro centro di massa dalla superficie terrestre) non è lo stesso (quello della sfera di platino è maggiore per essere: $h_{cp} > h_{cl}$).

Così pure, l'energia cinetica a fine della caduta non è la stessa (quella della sfera di platino è maggiore, sempre per essere: $h_{cp} > h_{cl}$).

Il principio di conservazione dell'energia è osservato.

8.3. Per la misurazione della massa dei corpi

In questa sezione voglio analizzare le conseguenze delle misurazioni della massa dei corpi, in riferimento alla loro forma, aventi sempre le stesse caratteristiche descritte nella precedente sezione B.1: corpi non costituiti né in forma sferica, né in forma di poliedro regolare e né in forma di cilindro equilatero.

Eseguo le misurazioni con una bilancia ad alta sensibilità posta sulla superficie terrestre.

Ricordiamoci, sempre, in un laboratorio in assenza d'aria; questa volta sempre per annullare anche gli effetti verso l'alto della spinta di Archimede.

Per come riportato dai testi di fisica vigenti, con la bilancia a braccia uguali, con la bilancia analogica e con la bilancia digitale si misura la massa dei corpi.

Nel Sistema Internazionale, l'unità di misura della grandezza fondamentale massa è il chilogrammo il quale, per definizione, è la massa del campione di cilindro equilatero (con $d = h = 3,9$ cm) di platino-iridio conservato nell'Ufficio Internazionale dei Pesi e Misure di Sevres a Parigi.

È stata scelta una delle tre forme particolari (sfera, poliedro regolare, cilindro equilatero) di corpi solidi, cilindro equilatero, proprio perché la distanza del suo centro di massa dalla superficie di misurazione non cambia al variare della posa di appoggio?

Con le misure eseguite su corpi, le cui forme non sono né la sferica, né la poliedrica regolare e né quella di cilindro equilatero, le misure eseguite danno valori diversi.

Come abbiamo visto nella sezione B.1, al variare della posa di appoggio, varia il peso del corpo.

La massa del corpo non può variare.

Tali misure diverse evidenziano contemporaneamente due errori:

1) si pensa di misurare la massa (che non deve variare), ma invece si misura il peso (che deve variare);

2) si esegue una misura che ha in sè un errore sistematico, quello di non aver considerato l'influenza della posa di appoggio.

Le misure eseguite dalla Scienza, per gli usi più disparati, sono gravati da questi errori?

Queste considerazioni, rapportate sull'entità della spinta di Archimede (SA) che nasce per i corpi immersi

(P=peso corpo), evidenziano il fatto che è corretto confrontare SA con P:

SA > P corpo galleggia;
SA = P corpo in equilibrio;
SA < P corpo affonda.

Non è corretto, invece, confrontare la densità del fluido (D_f) con la densità del corpo (D_c):

D_f > D_c corpo galleggia;
D_f = D_c corpo in equilibrio;
D_f < D_c corpo affonda.

Questo perché se il corpo non ha una delle tre forme "regolari" (sfera, poliedro regolare, cilindro equilatero), al variare della posizione del corpo immerso, il peso del corpo varia, mentre il volume del liquido spostato pari a quello del corpo immerso, e quindi il valore della spinta non variano (per semplicità si pensi al parallelepipedo in posizione orizzontale e verticale).

N.B. *Per completezza, ora vedasi i successivi studi riportati sul mio 2° libro "Archimede".*

Non sta a me costruire una bilancia di precisione per la misura della massa dei corpi solidi, quale che sia la loro forma.

Se gli scopi lo richiedono, per eseguire misure ad alta precisione della massa dei corpi solidi, io penserei ad una misura indiretta della massa ottenuta dal rapporto tra il peso del corpo e l'accelerazione di gravità (peso e accelerazione) entrambi misurati con uno strumento particolare, il cui prototipo potrebbe essere costituito nelle linee essenziali da:

1) bilancia ad alta precisione per la misura del peso;

2) sensore GPS che possa fornire anche l'accelerazione di gravità locale terrestre, con la relativa altezza strumentale;

3) strumentazione idonea capace di misurare la distanza del centro di massa del corpo dal piano di pesatura;

4) lettore digitale della misura indiretta della massa:

$$m = \frac{P}{g}.$$

Inoltre, quando si usa la bilancia idrostatica per determinare la densità dei corpi, è bene precisare che è necessario realizzare un campione di quel corpo in una delle forme "regolari" (sfera, poliedro regolare, cilindro equilatero).

Conclusioni

La vigenza del *Principio di Galileo Galilei sulla caduta libera dei gravi* (in assenza d'aria, tutti i corpi sono soggetti alla stessa accelerazione di gravità), si basava sull'equivalenza tra massa inerziale e massa gravitazionale.

La teoria della relatività generale di Albert Einstein aveva come presupposto la validità del principio di Galileo Galilei.

I fisici, da circa 300 anni, a partire da Newton (co precisione 1×10^{-3}) ad oggi (esperienza del fisico Loránd Eötvös, in base alla quale originariamente si è ottenuta una precisione di 5×10^{-9} e successivamente migliorata di 3×10^{-14}; senza considerare i preparativi della NASA per raggiungere la precisione di 1×10^{-18}), hanno eseguito i loro esperimenti per accertare con una precisione sempre crescente l'uguaglianza numerica delle due masse (inerziale e gravitazionale).

Albert, come da suo stile, ha trasformato a dogma fisico tale identità.

Nel corso del presente lavoro, sempre prescindendo dalle misurazioni secolari dei fisici per verificare l'identità tra massa inerziale e massa gravitazionale, ho confutato tre volte la teoria della relatività di Albert:

a) effetto radiale della caduta verticale dei corpi;

b) non vigenza del principio di Galileo Galilei sulla caduta dei gravi:
   - prima modalità: le due masse separatamente;
   - seconda modalità: le due masse in contemporanea (mutua azione reciproca);

c) l'influenza della forma dei corpi solidi che ha determinato il carattere assoluto dell'attrazione gravitazionale per la non equivalenza tra il moto uniformemente accelerato e il campo gravitazionale.

Di seguito (vedasi APPENDICE C) ho riportato anche gli studi ove sono mostrate le relative incidenze, le cui entità sono di gran lunga superiori alla precisione di 3×10^{-14} raggiunta dai fisici per l'identità tra massa inerziale e massa gravitazionale, le cui misure andrebbero riviste alla luce delle mie osservazioni:

a) detrazione delle masse di prova dalla massa della terra;
b) *effetto della mutua attrazione reciproca;*
c) *l'influenza della forma dei corpi solidi.*

Questo è il mio contributo.
Splendida "maieutica".

Dialoghi

Maestro, Maestro.
Che c'è Loránd?
Avete saputo delle riflessioni di quell'emerito Odisseo?
Lo so e lo vedo!
Io e la mia squadra, in cent'anni, quanta fatica per mostrare l'identità tra massa inerziale e gravitazionale. Anche la NASA sta continuando i lavori per raggiungere una precisione ancora più alta. Ciò perché Isaac nella materia ha individuato due aspetti, quello inerziale e quello gravitazionale ed, Ernst addirittura, distingue la massa gravitazionale in attiva e passiva. Tutto questo per supportare l'identità dei vari aspetti della massa, al fine di assicurare la vigenza del principio di Galileo e per consentire ad Albert di sviluppare la sua teoria.
Ebbene, Loránd?
Ma come Maestro? Come è possibile che Odisseo, solo con la maieutica, Vostra Arte, prima mostra la non vigenza del principio di Galileo e poi, con lo studio sulla forma dei corpi solidi, fa tutto il resto?
Loránd, cosa vuoi che ti dica?
Maestro, Maestro.

Che c'è Aristotele?

Sono secoli che si lascia intendere quello che io non ho mai detto. Io già sapevo che bastava cambiare la forma dei corpi leggeri per farli cadere, approssimativamente, come quelli pesanti. Apprezzo la riflessione.

Maestro, Maestro.

Che c'è Isaac? E smettetela di chiamarmi maestro!

Niente. Lasciamo perdere. Mi associo. Apprezzo la riflessione. E tu Galileo?. . .Mi associo.

Socrate, Socrate.

Bene Archimede, che c'è?

Finalmente il mio principio torna alle origini. Ma perché Odisseo non chiarisce tutto?

Non spetta ad Odisseo disvelare. . .Ad altri l'onere.

Socrate: chi è Odisseo?

Odisseo è colui che con la sua ricerca cresce e impreziosisce la sua persona anche per gli altri.

La singolarità del pensiero di Albert Einstein è risolta.

Le conoscenze della Fisica tornano ad essere alla portata di tutti.

La filosofia, nei suoi aspetti gnostici, morali, teologici e metafisici, si riappropria delle sue prerogative.

Atomo = indivisibile

Conclusione moderna: gli antichi hanno sbagliato.

Atomo = non lo dividere.

I saggi che sapevano e vedevano dettero un imperativo rimasto inascoltato.

Per Gandhi la risoluzione dei problemi non era il fine ma il mezzo per poter migliorare gli uomini.

In coscienza, tendiamo a migliorarci e a renderci liberi per controllare il disordine.

Appendice A

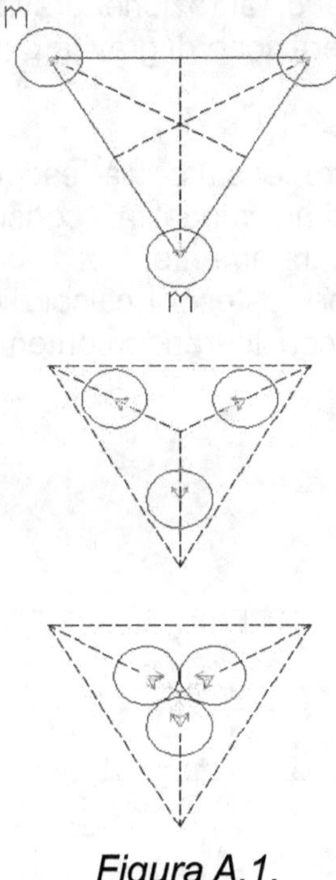

Figura A.1.

Appendice B

Calcolo della forza di attrazione gravitazionale e della conseguente accelerazione di gravità per le due masse di prova m_{p1} e m_{p2}.

Ipotizziamo $m_{p1} > m_{p2}$.

Nella sesta parte è stato già eseguito il calcolo in riferimento alla prima modalità, considerando le due masse di prova separatamente.

Ora si esegue per esteso il calcolo in riferimento alla seconda modalità, considerando contemporaneamente le due masse di prova.

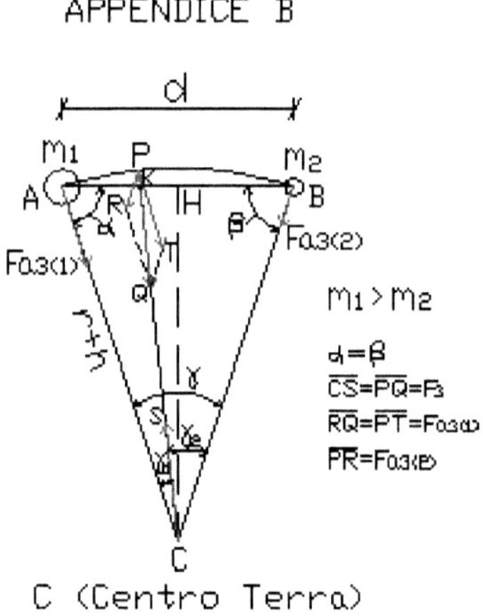

Figura B.1.

Seconda modalità: le due masse in contemporanea

I relativi calcoli, essendo già di dominio pubblico (per essere stati trasmessi all'Istituto Nazionale di Fisica Nucleare di Roma) sono reperibili dal mio sito: www.armeniasanto. In tale sito sono riportati tutti gli esperimenti fatti.

Appendice C

Effetto radiale della caduta verticale

Dalla precedente Fig. B.1 dell'appendice B (triangolo isoscele ABC) calcolo:

a)

$$\sin\left(\wp/2\right)=\frac{AB/2}{r+h}$$

b) la nuova distanza AB (A'B') a fine caduta;
c) il rapporto AB / A'B'.

Dalla Tab. C.1 riportata si evince che il valore di tale rapporto non varia al variare della distanza AB; esso varia, invece, proporzionalmente al variare dell'altezza di caduta: trascurando in questa sede l'effetto forma.

Effetto detrazione massa corpo di prova

L'effetto della detrazione della massa del corpo di prova si fa sentire per i corpi che hanno una massa superiore a $1,5 \times 10^9$ kg.

Vedasi il sotto riportato calcolo di confronto, con precisione 1×10^{-14}, eseguito con altezza dalla superficie terrestre di 100 metri:

$g = 9, 80800239864632$ ($m_p = 10^9 kg$)
$g = 9, 80800239864631$ ($m_p = 1, 5 \times 10^9 kg$).

Nel caso di precisione 1×10^{-18} (precisione che la NASA sta tentando di raggiungere), l'effetto della detrazione della massa del corpo di prova si fa sentire per i corpi che hanno una massa superiore a $7,0 \times 10^5$ kg.

Vedasi il sotto riportato calcolo di confronto, eseguito sempre con altezza dalla superficie terrestre di 100 metri:

$$g = 9,808002398646321671 \ (m_p = 6,5 \times 10^5 kg)$$
$$g = 9,808002398646321670 \ (m_p = 7,0 \times 10^5 kg).$$

Effetto della mutua attrazione reciproca

L'effetto della mutua attrazione reciproca è tale che anche per piccoli angoli (g < 0,00003 in rad), i valori della coppia $f_1(t)$ e $f_2(t)$, pur essendo uguali tra di loro, sono di valori crescenti al diminuire del parametro t (inversamente proporzionale).

Ciò a conferma che al diminuire del valore totale della coppia delle due masse (m_{p1} + m_{p2}), il corrispondente valore della loro accelerazione aumenta: a coppie di masse minori corrispondo accelerazioni maggiori.

Effetti della forma dei corpi solidi

Caso a: parallelepipedo (platino; legno)

Ho considerato un parallelepipedo di base quadrata di lato "a" e di altezza n volte il lato "a" (h= n x a), nelle due posizioni possibili.

Pertanto la distanza del centro di massa dalla superficie terrestre vale:

$$a/2 \ \ e \ \ n \times a/2.$$

Ho calcolato il rapporto delle accelerazioni di gravità nelle due posizioni (E), con R_t raggio terra, parametro che evidenzia la variazione del peso al variare della posizione:

$$E = \frac{g_2}{g_1} = \frac{\left(R_t + n \times a/2\right)^2}{\left(R_t + a/2\right)^2}$$

Lo studio è stato condotto per n = 2; 5; 10.

Dalle Tab. C.2 e C.3 riportate si evince come l'influenza è presente anche per a = 1×10^{-8} ml che sono le dimensioni di particelle microscopiche.

Caso b: sfera (platino; legno)

In questo caso ho messo a confronto due corpi di uguale massa e di forma sferica.

La sfera di platino avrà il raggio minore della sfera di legno:

$$R_p < R_l.$$

La distanza del centro di massa dalla superficie terrestre delle due sfere vale:

a) sfera platino R_p;
b) sfera legno R_l.

Ho calcolato il rapporto delle accelerazioni di gravità per le due sfere (E), con R_t raggio terra, parametro che evidenzia la variazione del peso al variare del raggio delle due sfere:

$$E = \frac{g_2}{g_1} = \frac{\left(R_t + R_l\right)^2}{\left(R_t + R_p\right)^2}$$

Lo studio è stato condotto per valori di massa variabile da 1×10^{9} kg a 1×10^{-21} kg.

Dalla Tab. C.4 riportata si evince come l'influenza è presente anche per le dimensioni di particelle microscopiche.

Caso c: cubo (platino; legno)

In questo caso ho messo a confronto due corpi di uguale massa e di forma cubica.

Il cubo di platino avrà il lato minore del cubo di legno:

$$a_p < a_l.$$

La distanza del centro di massa dalla superficie terrestre dei due cubi vale:

a) cubo platino $a_p/2$;
b) cubo legno $a_l/2$.

Ho calcolato il rapporto delle accelerazioni di gravità per i due cubi (E), con Rt raggio terra, parametro che evidenzia la variazione del peso al variare del lato dei due cubi:

$$E = \frac{g_2}{g_1} = \frac{\left(R_t + a_l/2\right)^2}{\left(R_t + a_p/2\right)^2}$$

Lo studio è stato condotto per valori di massa variabile da 1×10^9 kg a 1×10^{-21} kg.
Dalla Tab. C.5 riportata si evince come l'influenza è presente anche per le dimensioni di particelle microscopiche.

Caso d: cilindro equilatero (platino; legno)

In questo caso ho messo a confronto due corpi di uguale massa e di forma di cilindro equilatero.
Il cilindro equilatero di platino avrà il diametro minore del cilindro equilatero di legno:

$$d_p < d_l.$$

La distanza del centro di massa dalla superficie terrestre dei due cilindri equilateri vale:

a) cilindro equilatero platino $d_p/2$;
b) cilindro equilatero legno $d_l/2$.

Ho calcolato il rapporto delle accelerazioni di gravità per i due cilindri equilateri (E), con R_t raggio terra, parametro che evidenzia la variazione del peso al variare del diametro dei due cilindri equilateri:

$$E = \frac{g_2}{g_1} = \frac{\left(R_t + d_l/2\right)^2}{\left(R_t + d_p/2\right)^2}$$

Lo studio è stato condotto per valori di massa variabile da 1×10^9 kg a 1×10^{-21} kg.

Dalla Tab. C.6 riportata si evince come l'influenza è presente anche per le dimensioni di particelle microscopiche.

Caso e: sostanza e forma

In questo caso ho messo a confronto, per una sola sostanza (prima solo platino, poi solo legno), a due a due le forme regolari.

I calcoli sono quelli già in precedenza eseguiti, riportati ora nelle Tab. C.7, C.8 e C.9.

Caso f: il corpo con sè stesso

Considerando i due tipi di materie (platino e legno), si sono confrontati tutti i casi (parallelepipedo, sfera, cilindro equilatero, cubo) in relazione a d=0 e all'effettivo d (d≠0).

La relativa variazione (errore) è valutata come rapporto tra le due accelerazioni conseguenti.

$$E = \frac{\left(R_t + d_1\right)^2}{R_t^2}$$

Questo è il caso generale per il quale il peso analitico che si calcola, considerando nullo il valore della distanza del centro di massa del corpo considerato, comporta il massimo dell'errore.

Tale errore è maggiore in quei corpi che hanno:
a) a pari massa, densità minore;
b) a pari massa, forma che determina un "dc" maggiore;
c) a massa diversa, all'aumentare della massa stessa.

Evidenzio che i relativi calcoli, essendo già di dominio pubblico (per essere stati trasmessi all'Istituto Nazionale di Fisica Nucleare di Roma) sono reperibili dal mio sito: www.armeniasanto. In tale sito sono riportati tutti gli esperimenti fatti.

Cosa cercava Isaac nella materia?
Isaac era convinto che materie diverse si comportassero diversamente rispetto all'inerzia e alla gravità: vano susseguirsi degli studi.
Albert, da ultimo, ha potuto sviluppare la sua dogmatica teoria della relatività speciale e generale.

Io non so se lo studio della forma dei corpi solidi è la risposta che Isaac cercava.
So e vedo che tale studio modifica tutta la Fisica.
So e vedo che tale studio, con un nuovo approccio, aiuta la rinascita della Filosofia Naturale.

Ringraziamenti

Un grazie a Salvatore Colombo con il quale, non causalmente, ho iniziato la mia evoluzione.

Grazie a mio nipote Mauro Scala che è stato il porto di riferimento e di sicurezza per il mio lavoro.

Grazie a mio figlio Pietro che ha redatto i disegni.

Un grazie particolare a Fabio Toscano per la sua chiarezza di esposizione (che non ho trovato negli originali di Einstein): le condizioni per le riflessioni sulla teoria della relatività generale sono dovute a ciò.

Grazie a Carmelo Vindigni